Lille
1894

Brunhes, Bernard

sur le principe d'Huygens et sur quelques conéquences du théorème de Kirchoff

SUR

LE PRINCIPE D'HUYGENS

ET SUR

Quelques conséquences du théorème de Kirchhoff

PAR

M. Bernard BRUNHES

LILLE

AU SIÈGE DES FACULTÉS, PLACE PHILIPPE-LEBON

1895

SUR

LE PRINCIPE D'HUYGENS

ET SUR

QUELQUES CONSÉQUENCES DU THÉORÈME DE KIRCHHOFF,

Par M. Bernard BRUNHES.

1. Dans son Mémoire *Zur Theorie der Lichtstrahlen* ([1]), Kirchhoff a donné l'expression analytique du principe d'Huygens. Il a montré que pour toute fonction φ des coordonnées x, y, z et du temps, qui satisfait à l'équation des petits mouvements

$$\frac{d^2\varphi}{dt^2} = a^2 \Delta\varphi,$$

la valeur φ_0 de la fonction en un point M_0, situé à l'extérieur d'une surface fermée S qui comprend à son intérieur toutes les sources d'ébranlement, peut être représentée par l'intégrale

$$\varphi_0 = \frac{1}{4\pi} \int G\left(t - \frac{r}{a}\right) dS,$$

où dS est l'élément superficiel de la surface S, r la distance de cet élément au point M_0 et G une fonction liée aux valeurs de φ, de $\frac{d\varphi}{dt}$ et de $\frac{d\varphi}{dn_e}$ sur la surface S, au point où se trouve l'élément dS.

( ) Kirchhoff, *Optik*, p. 22. Traduit par M. Duhem dans les *Annales de l'École Normale supérieure*, 3ᵉ série, t. III, p. 303; 1886.

par la relation

$$(1) \qquad G(t) = \varphi \frac{\partial \frac{1}{r}}{\partial n_e} - \frac{1}{ar}\frac{\partial\varphi}{\partial t}\frac{\partial r}{\partial n_e} - \frac{1}{r}\frac{\partial\varphi}{\partial n_e}.$$

De ce théorème résulte la conséquence qu'avait tirée Huygens. On peut, au point de vue de l'action exercée au point M_0 de l'espace, substituer aux centres d'ébranlement réels des *sources* convenables distribuées sur la surface S, qui laisse d'un côté les centres d'ébranlement, de l'autre le point M_0.

2. Que doivent être ces *sources*? Fresnel proposait de mettre en chaque point de la surface une source ayant le mouvement qui anime l'élément lui-même : cette hypothèse conduit à des conséquences incomplètement d'accord avec l'expérience.

Dans son Mémoire capital *Sur la propagation anomale des ondes*, M. Gouy insiste sur les différences que présentent la propagation des ondes planes et la propagation des ondes sphériques issues d'un centre d'ébranlement unique. Il a montré en particulier que, dans le cas des petits mouvements longitudinaux, la *vitesse de propagation* est très grande au voisinage immédiat du centre et n'atteint sa valeur normale et limite qu'à une distance assez grande de ce centre. C'est dans ce Mémoire que M. Gouy indique les ingénieuses expériences qui mettent en évidence l'avance d'un quart de phase que prennent les ondes lumineuses en traversant un foyer, et d'un huitième de phase en traversant une ligne focale [1].

M. Gouy s'occupe en particulier d'une des anomalies reprochées au raisonnement de Fresnel [2]. Soit un système d'ondes planes propageant un mouvement périodique longitudinal, la vitesse en un point du plan P, $x = 0$ sera donnée, par exemple, par

$$v = K \sin 2\pi \frac{t}{T}.$$

<hr>

[1] *Annales de Chimie et de Physique*, 6ᵉ série, t. XXIV, p. 145.

[2] Sur cette anomalie, voir encore : MASCART, *Sur le principe d'Huygens et la théorie de l'arc-en-ciel* (*Comptes rendus*, t. CVIII, p. 16; 1889). Voir aussi MASCART, *Optique*, t. I, *passim*.

Si le mouvement se propage vers les x positifs, au point M_0 d'abscisse x_0, on a

$$v = K \sin 2\pi \left(\frac{t}{T} - \frac{x_0}{\lambda} \right).$$

La vitesse au point M_0 pourrait, d'après les idées de Fresnel, être calculée en mettant en chaque point de l'onde P *un centre d'ébranlement* ayant le même mouvement que le mouvement réel, et en composant les effets de ces divers centres sur le point M_0. En faisant ce calcul, on trouve pour la valeur de v au point M_0

$$\frac{K}{\lambda} \sin 2\pi \left(\frac{t}{T} - \frac{x}{\lambda} - \frac{1}{4} \right).$$

On a un facteur λ qui s'introduit en dénominateur et une différence de phase de $\frac{1}{4}$ de longueur d'onde. A quoi est due cette anomalie ?

3. D'abord, il n'y a pas de raison *a priori* pour qu'on trouve une relation aussi simple entre le mouvement du centre d'ébranlement fictif qu'on introduit en un point de l'onde et le mouvement qui a réellement lieu en ce point au même instant.

Mais, indépendamment de ce point, sur lequel nous reviendrons, on fait une simplification injustifiée en ne tenant pas compte de la variation de vitesse de propagation entre le centre d'ébranlement situé sur P et le point M_0.

M. Gouy a montré que, pour lever l'anomalie, il suffit, *dans ce cas particulier de l'onde plane*, de corriger cette seconde inexactitude et d'y substituer un calcul correct de l'effet d'un centre d'ébranlement. Moyennant cette rectification, on peut, dans le cas particulier, conserver le postulat de Fresnel et supposer aux centres d'ébranlement fictifs introduits sur la surface d'onde le mouvement réel. *Mais cela n'est pas vrai en général*, ainsi que je vais le montrer.

4. A cette occasion, je me suis posé la question plus générale :

Comment peut-on, du mouvement réel existant sur la surface S *prise arbitrairement, déduire le mouvement à donner aux*

*sources ou aux centres d'ébranlement distribués sur cette sur-
face, par lesquels on remplace les centres réels?*

Le théorème de Kirchhoff nous conduira à la solution du problème, mais il n'en est pas lui-même la solution. En effet, la fonction G est reliée à la fonction φ et à ses dérivées par l'équation (1),
mais cette fonction G dépend d'une façon compliquée de la'distance r du centre d'ébranlement superficiel au point M_0; elle dépend donc du point M_0 sur lequel on cherche l'action de ces
centres. Et ce que nous voulons, c'est une distribution *déterminée
une fois pour toutes, remplaçant toutes les sources intérieures
à la surface* S, *au point de vue de leur action sur un quelconque des points* M_0 *extérieurs*.

Ce problème, qui a préoccupé Huygens et Fresnel, peut être
appelé : *Problème d'Huygens;* il correspond, dans l'étude de
l'équation des petits mouvements, à ce qu'est, dans l'étude de
l'équation de Laplace, le *problème de Green*, qui consiste à remplacer, au point de vue du champ électrique extérieur à une surface donnée, toutes les charges, supposées à l'intérieur, par une
couche électrique superficielle.

Le rapprochement avec les problèmes correspondants en électricité nous conduira à préciser le sens de ces mots : « sources,
centres d'ébranlement ».

On parle de *centres d'ébranlement* qui *envoient* une vitesse à
une certaine distance. L'expression obtenue ainsi, en partant de
raisonnements parfois considérés comme intuitifs, a besoin d'être
justifiée.

5. Qu'est-ce qu'une charge électrique existant en un point de
l'espace? Considérons un espace qui en contient. Le potentiel
électrostatique est une fonction φ qui, en tout point extérieur
aux charges, satisfait à l'équation de Laplace

$$\Delta\varphi = 0.$$

mais qui, *en tout point de l'espace* où la fonction φ existe, ainsi
que ses dérivées des deux premiers ordres, satisfait à l'équation
plus générale de Poisson

$$\Delta\varphi + 4\pi\rho = 0,$$

Si nous connaissons seulement les valeurs de φ et de toutes ses dérivées jusqu'au deuxième ordre en tout point de l'espace, nous pourrons en déduire les valeurs de la densité solide ρ en un point quelconque; on aura, en effet,

$$\rho = -\frac{\Delta\varphi}{4\pi}.$$

La solution de l'équation de Poisson est, comme on sait,

$$\varphi = \int \frac{\rho\,d\tau}{r},$$

$d\tau$ étant un élément de l'espace, et r sa distance au point M_0 étudié.

Il peut arriver que la charge contenue dans un élément de volume $d\tau$ ne soit pas un infiniment petit du même ordre. Si c'est une quantité finie, on est en présence d'un point électrisé isolé. Elle peut être une quantité infiniment petite seulement du second ordre : c'est le cas lorsque l'on a une couche répandue sur une surface; ce qui est fini, c'est alors la densité superficielle σ; l'on a en un point de la surface

$$\frac{d\varphi}{\partial n_i} + \frac{\partial\varphi}{\partial n_e} = -4\pi\sigma.$$

$\frac{d\varphi}{\partial n_i}$ et $\frac{d\varphi}{\partial n_e}$ étant les dérivées du potentiel φ prises sur la normale de part et d'autre de la surface. φ est donné par l'intégrale de surface

$$\varphi = \int \frac{\sigma\,dS}{r}.$$

6. Si nous passons à l'équation des petits mouvements, il serait de même insuffisant de considérer une fonction dont les dérivées premières et secondes existeraient en tout point de l'espace, et qui satisferait partout à l'équation

$$(2) \qquad \frac{\partial^2\varphi}{\partial t^2} = a^2\,\Delta\varphi.$$

Si une telle fonction est nulle à l'origine du temps, ainsi que ses dérivées, elle reste nulle dans tout l'espace.

M. Beltrami ([1]) et M. Poincaré ([2]) ont étudié l'équation plus générale

$$(3) \qquad \frac{\partial\varphi^2}{\partial t^2} = a^2(\Delta\varphi + 4\pi\psi).$$

ψ étant une fonction donnée des coordonnées et du temps.

Cette intégrale a pour solution

$$(4) \qquad \varphi = \int \frac{\sigma\left(t - \frac{r}{a}\right)}{r}\, d\tau,$$

intégrale étendue à tout l'espace; ψ joue le rôle de la densité solide ρ. La différence avec le cas de l'équation de Poisson est uniquement en ce que, ici, il faut modifier la *densité* ψ, qui figure au numérateur, par l'introduction, dans la fonction, d'un temps $t - \frac{r}{a}$ antérieur de $\frac{r}{a}$ au moment actuel t. On a toujours au dénominateur la distance r.

$\psi d\tau$ constitue une *source d'ébranlement élémentaire*. Le véritable *centre d'ébranlement* correspondrait au point attirant électrisé.

On peut avoir encore des sources distribuées sur une couche superficielle; si $\sigma\, dS$ est la *source superficielle élémentaire* répandue sur l'élément de surface dS, on a

$$(5) \qquad \frac{d\varphi}{dn_i} + \frac{d\varphi}{dn_e} = -4\pi\sigma,$$

et

$$(6) \qquad \varphi = \int \frac{\sigma\left(t - \frac{r}{a}\right)}{r}\, dS,$$

σ, densité superficielle de la couche qui donne l'impulsion, est ici fonction du temps.

Le *problème d'Huygens*, tel que je l'ai énoncé, consistera à chercher une fonction σ telle que la valeur φ_0 de la fonction au

---

([1]) *Atti della R. Accad. dei Lincei*, 5ᵉ série, t. I; mars 1892. Voir l'Appendice, p. 36.

([2]) *Théorie mathématique de la lumière*, t. II, p. 130.

point M_0 extérieur puisse être mise sous la forme d'une intégrale
de surface

$$\int \frac{\tau\left(t - \frac{r}{a}\right)}{r}\, dS,$$

$\sigma(t)$ étant une fonction indépendante du point M_0.

Il correspond au problème de Green proprement dit : Trouver τ
tel que φ_0 puisse être mis sous la forme

$$\varphi_0 = \int \frac{\sigma\, dS}{r},$$

τ étant indépendant du point M_0.

7. La solution du problème de Green repose sur un théorème
de Green.

Si l'on a une surface fermée S, laissant d'un côté le point M_0
étudié, à l'extérieur par exemple, et toutes les charges attirantes
à l'intérieur, le potentiel V est constamment harmonique à l'extérieur; si l'on désigne par n_e la normale à la surface vers l'extérieur, on a

$$4\pi V_0 = \int \left(V \frac{\partial \frac{1}{r}}{\partial n_e} - \frac{1}{r}\frac{\partial V}{\partial n_e} \right) dS.$$

Si l'on n'avait sous le signe $\int$ qu'un terme de la forme $\frac{1}{r}\frac{\partial V}{\partial n_e}$
le problème serait résolu. Il n'y aurait qu'à distribuer sur la surface
une couche de densité superficielle $- \frac{1}{4\pi}\frac{\partial V}{\partial n_e}$. Mais on a un autre

terme $V \frac{\partial \frac{1}{r}}{\partial n_e} = - \frac{V}{r^2}\frac{\partial r}{\partial n_e}$. Il faut transformer l'expression sous le

signe $\int$ pour lui donner la forme $\frac{f(x, y, z)}{r}$.

On y arrive en remarquant que l'on peut trouver une fonction W
harmonique dans tout l'intérieur de la surface (le côté opposé au
point M_0), et prenant sur la surface même des valeurs égales aux
valeurs de V aux mêmes points. Trouver cette fonction, c'est ré-

soudre le problème de Dirichlet. Or, on a

$$0 = \int \left(W \frac{\partial \frac{1}{r}}{\partial n_e} - \frac{1}{r} \frac{\partial W}{\partial n_e} \right) dS \quad (^1),$$

r étant toujours la distance du point (x, y, z) de la surface S au point $M_0(x_0, y_0, z_0)$. Retranchant membre à membre, et remarquant que $W = V$ sur toute la surface, on a

$$4\pi V_0 = \int - \frac{1}{r} \left(\frac{\partial V}{\partial n_e} - \frac{\partial W}{\partial n_e} \right) dS.$$

La couche de densité superficielle $\sigma = - \frac{1}{4\pi} \left(\frac{\partial V}{\partial n_e} - \frac{\partial W}{\partial n_e} \right)$ résout le problème.

$\frac{\partial V}{\partial n_e}$ est donné ; $\frac{\partial W}{\partial n_e}$ se calculera en résolvant le problème de Dirichlet.

L'élément du potentiel au point M_0 provenant de l'élément superficiel dS est

$$dV = \frac{\sigma dS}{r}.$$

Dans la composante de la force au point M_0 dans une direction quelconque l, la partie qui provient de ce même élément superficiel dS est

$$dF_l = - \frac{\partial}{\partial l} \left(\frac{\sigma dS}{r} \right) = \frac{\partial \frac{1}{r}}{\partial l} \sigma dS = + \frac{\sigma dS}{r^2} \cos(r, l).$$

On peut dire que l'élément dS *envoie au point* M_0 *une force* $+ \frac{\sigma dS}{r^2}$, qu'il faut multiplier par $\cos(r, l)$ pour avoir sa composante dans la direction l.

8. Passons à l'équation des petits mouvements, bornons-nous pour l'instant aux mouvements longitudinaux. Le *potentiel des*

(^{1}) La fonction W n'étant définie que dans l'intérieur, la dérivée $\frac{\partial W}{\partial n_i}$ est seule définie ; ce que j'appelle $\frac{\partial W}{\partial n_e}$ c'est ici simplement $- \frac{\partial W}{\partial n_i}$; il n'y a pas ici d'ambiguïté possible, et les formules relatives aux deux problèmes de première et de seconde espèce présentent ainsi plus de symétrie.

vitesses φ joue le rôle que jouait le potentiel électrostatique V, et la *vitesse v* joue le même rôle que la force. On a

$$F_l = - \frac{\partial V}{\partial l},$$

de même

$$v_l = \frac{\partial \varphi}{\partial l}.$$

On a à considérer en outre, ici, la condensation s qui est la dérivée de φ par rapport au temps, au facteur près $-\frac{1}{a^2}$

$$s = - \frac{1}{a^2} \frac{\partial \varphi}{\partial t}.$$

Cherchons à mettre l'expression du potentiel des vitesses en M_0 sous la forme (6), (p. 6), $\sigma(t)$ dépendant seulement du temps et des coordonnées x, y, z de l'élément dS.

Le *théorème de Kirchhoff* donne

$$\varphi_0 = \frac{1}{4\pi} \int \left[\varphi\left(t - \frac{r}{a}\right) \frac{d \frac{1}{r}}{\partial n_e} - \frac{1}{ar} \frac{\partial \varphi}{\partial t}\left(t - \frac{r}{a}\right) \frac{\partial r}{\partial n_e} - \frac{1}{r} \frac{\partial \varphi}{\partial n_e}\left(t - \frac{r}{a}\right) \right] dS.$$

Le troisième terme seul satisfait à la condition imposée. On se débarrassera des deux premiers en remarquant que, si l'on appelle Φ une fonction satisfaisant à l'équation des petits mouvements *en tout point intérieur à la surface* S, et prenant sur toute la surface des valeurs $\Phi = \varphi$, par suite $\frac{\partial \Phi}{\partial t} = \frac{\partial \varphi}{\partial t}$, on a, si r est la distance de l'élément superficiel à un point M_0 extérieur

$$0 = \frac{1}{4\pi} \int \left[\Phi\left(t - \frac{r}{a}\right) \frac{d \frac{1}{r}}{\partial n_e} - \frac{1}{ar} \frac{\partial \Phi}{\partial t}\left(t - \frac{r}{a}\right) \frac{\partial r}{\partial n_e} - \frac{1}{r} \frac{\partial \Phi}{\partial n_e}\left(t - \frac{r}{a}\right) \right] dS.$$

Retranchant membre à membre, comme tout à l'heure, il vient

$$\varphi_0 = \frac{1}{4\pi} \int - \frac{1}{r} \left[\frac{\partial \varphi}{\partial n_e}\left(t - \frac{r}{a}\right) - \frac{\partial \Phi}{\partial n_e}\left(t - \frac{r}{a}\right) \right] dS;$$

c'est la forme cherchée

$$(7) \qquad \sigma = - \frac{1}{4\pi} \left(\frac{\partial \varphi}{\partial n_e} - \frac{\partial \Phi}{\partial n_e} \right).$$

Le problème est ramené à la recherche de la fonction Φ. C'est un problème analogue à celui de Dirichlet, mais plus difficile. Il faut s'imposer certaines conditions pour établir qu'il n'a qu'une solution [1], et l'existence même de cette solution n'a pas encore été rigoureusement établie. Nous la rechercherons dans un cas particulier.

9. Prenons, comme exemple, une sphère ayant une source unique au centre. Quelles *sources superficielles élémentaires* faut-il mettre sur la sphère pour qu'en un point extérieur M_0 le potentiel des vitesses ait la même valeur?

Nous supposons que le potentiel des vitesses en un point M_0, situé à une distance l du centre d'ébranlement unique O, est donné par

$$\varphi_0 = \frac{f\left(t - \frac{l}{a}\right)}{l}.$$

En un point P de la surface de la sphère, de rayon R (*fig.* 1), on a

$$\varphi_P = \frac{f\left(t - \frac{R}{a}\right)}{R},$$

$$\left(\frac{d\varphi}{dt}\right)_P = \frac{f'\left(t - \frac{R}{a}\right)}{R},$$

$$\left(\frac{d\varphi}{dn_i}\right)_P = -\frac{1}{R^2} f\left(t - \frac{R}{a}\right) - \frac{1}{aR} f'\left(t - \frac{R}{a}\right).$$

Fig. 1.

En faisant le calcul, on trouve que l'expression sous le signe $\int$

[1] *Voir* POINCARÉ, *Théorie mathématique de la lumière*, t. II, p. 156.

prend la forme

$$\left| f\left(t-\frac{R}{a}-\frac{r}{a}\right)\left[\frac{l^2-R^2}{r}\frac{dr}{Rl}+\frac{r\,dr}{Rl}\right]+\frac{f'\left(t-\frac{R}{a}-\frac{r}{a}\right)}{a}\left[2\frac{dr}{l}+\frac{l^2-R^2}{Rl}\frac{dr}{r}-\frac{r\,dr}{Rl}\right]\right|$$

à intégrer entre $r=l-R$ et $r=l+R$; et l'on vérifie bien que ceci donne

$$\frac{4\pi f\left(t-\frac{l}{a}\right)}{l}=4\pi\varphi_0.$$

Cherchons maintenant τ. Il faut calculer Φ, égal à φ sur la sphère, et satisfaisant à l'équation des petits mouvements dans tout l'intérieur. φ satisfait à cette équation *dans tout l'intérieur, sauf au point* O. Φ ne doit pas présenter pareille singularité, sans quoi l'équation (a) (p. 5) n'aurait pas de sens au point O, et, par suite, ne serait plus vérifiée dans tout l'espace intérieur.

Si l est la distance au centre O, la fonction Φ ne doit dépendre que de l et de t. Elle doit satisfaire à l'équation

$$\frac{\partial^2[l\Phi]}{\partial t^2}=a^2\frac{\partial^2[l\Phi]}{\partial l^2},$$

qui n'est que la transformée de l'équation des petits mouvements.

L'intégrale générale est

$$(8)\qquad \Phi(l,t)=\frac{1}{l}F\left(t-\frac{l}{a}\right)-\frac{1}{l}F_1\left(t+\frac{l}{a}\right).$$

Il faut que, pour $l=R$, on ait identiquement $\varphi=\Phi$, c'est-à-dire

$$f\left(t-\frac{R}{a}\right)=F\left(t-\frac{R}{a}\right)+F_1\left(t+\frac{R}{a}\right).$$

Cela nous donne une équation entre les fonctions arbitraires F et F_1.

Nous essayerons de les déterminer par la condition, dont nous avons reconnu la nécessité, que Φ n'ait pas de singularité dans l'intérieur de la sphère, ce qui nous donne une seule condition, parce que nous n'avons à nous préoccuper que du centre O. En ce point,

Φ sera infini, à moins qu'on n'ait

$$F\left(t - \frac{l}{a}\right) + F_1\left(t - \frac{l}{a}\right) = 0, \qquad \text{pour } l = 0,$$

ce qui donne

$$F_1(t) = -F(t).$$

Donc

$$f\left(t - \frac{R}{a}\right) = F\left(t - \frac{R}{a}\right) - F\left(t + \frac{R}{a}\right),$$

identité en t, d'où l'on tirera la fonction inconnue F. On peut écrire

$$f(t) = F(t) - F\left(t + \frac{2R}{a}\right).$$

C'est une équation aux différences finies, à laquelle satisfait la fonction F.

Mais cette équation ne la détermine pas complètement. On pourra toujours, en effet, ajouter à $F(t)$ une fonction périodique quelconque $\chi(t)$ ayant pour période $\frac{2R}{a}$.

Supposons F exprimé explicitement en fonction de t; nous pouvons calculer $\frac{\partial \Phi}{\partial n_c}$.

$$\Phi_P = \frac{1}{R}\left[F\left(t - \frac{R}{a}\right) - F\left(t + \frac{R}{a}\right)\right]$$

$$\left(\frac{\partial \Phi}{\partial n_c}\right)_P = \left(\frac{\partial \Phi}{\partial R}\right)_P = -\frac{1}{R^2}\left[F\left(t - \frac{R}{a}\right) - F\left(t + \frac{R}{a}\right)\right]$$

$$= -\frac{1}{aR}\left[F'\left(t - \frac{R}{a}\right) + F'\left(t + \frac{R}{a}\right)\right]$$

$$= -\frac{1}{R^2}f\left(t - \frac{R}{a}\right) - \frac{1}{aR}\left[F'\left(t - \frac{R}{a}\right) + F'\left(t + \frac{R}{a}\right)\right].$$

et comme

$$\left(\frac{d\chi}{\partial n_c}\right)_P = -\frac{1}{R^2}f\left(t - \frac{R}{a}\right) - \frac{1}{aR}f'\left(t - \frac{R}{a}\right)$$

$$= -\frac{1}{R^2}f\left(t - \frac{R}{a}\right) - \frac{1}{aR}\left[F'\left(t - \frac{R}{a}\right) - F'\left(t + \frac{R}{a}\right)\right].$$

on a

$$= -\frac{1}{4\pi}\left(\frac{\partial \chi}{\partial n_c} - \frac{\partial \Phi}{\partial n}\right) = -\frac{1}{4\pi}\frac{2}{aR}F'\left(t + \frac{R}{a}\right)$$

et

$$\varphi_0 = \int \frac{\sigma\left(t - \frac{r}{a}\right)}{r} \, dS = -\frac{1}{4\pi} \int \frac{2}{a\,R\,r} F'\left(t + \frac{R}{a} - \frac{r}{a}\right) dS,$$

ce qui est identique, comme il est aisé de le voir, à

$$\frac{1}{r} f\left(t - \frac{t}{a}\right).$$

Le terme qui serait relatif à la fonction périodique arbitraire χ disparaîtrait dans l'intégration. Le système de sources superficielles qui correspond à ce terme χ est donc sans action sur un point extérieur; par suite, la distribution de sources superficielles équivalente aux centres intérieurs donnés n'est déterminée qu'à ce terme près.

10. Avec cette restriction, la fonction F définie par l'équation aux différences finies pourra être calculée à condition de connaître l'expression de f. Examinons en particulier le cas d'ondes périodiques.

$$(10) \qquad f(t) = \sin \frac{2\pi t}{T}.$$

On en déduit

$$(11) \qquad F(t) = \frac{1}{2\sin\dfrac{2\pi R}{aT}} \cos \frac{2\pi}{T}\left(t - \frac{R}{a}\right).$$

et comme

$$\sigma(t) = -\frac{2}{4\pi a R} F'\left(t + \frac{R}{a}\right),$$

on tire

$$(12) \qquad \sigma(t) = \frac{2}{4a\,TR \,\sin\dfrac{2\pi R}{aT}} \sin \frac{2\pi}{T} t$$

et

$$(13) \qquad \varphi_0 = \int \frac{\sigma\left(t - \frac{r}{a}\right)}{r} \, dS = \frac{2}{4\lambda R \sin\dfrac{2\pi R}{\lambda}} \int \frac{\sin\dfrac{2\pi}{T}\left(t - \frac{r}{a}\right)}{r} \, dS.$$

Quelques remarques sur ce résultat :

1° La valeur exacte du potentiel des vitesses, au point où est l'élément dS et à l'instant t, est

$$\varphi = \frac{\sin \frac{2\pi}{T}\left(t - \frac{R}{a}\right)}{R},$$

la valeur de la vitesse au même point est

$$v = \frac{\partial \varphi}{\partial R} = -\frac{1}{R^2} \sin \frac{2\pi}{T}\left(t - \frac{R}{a}\right) - \frac{1}{aR}\frac{2\pi}{T} \cos \frac{2\pi}{T}\left(t - \frac{R}{a}\right).$$

La phase de la *source superficielle élémentaire* n'est ni la phase du potentiel des vitesses, ni la phase de la vitesse, au même point. Cette phase est constante, indépendante de la distance du point au centre, et c'est la phase même du mouvement au centre d'ébranlement.

2° L'expression de la densité superficielle de la *source élémentaire* contient en dénominateur λ; elle contient, en outre, le facteur $\sin \frac{2\pi R}{\lambda}$. Ce facteur s'annule dans le cas où R est un multiple entier de $\frac{\lambda}{2}$. *La densité superficielle à introduire sur la sphère serait infinie.*

Cela revient à dire, puisque φ_0 n'est pas infini, que, dans ce cas, l'intégrale $\int \frac{\sin \frac{2\pi}{T}\left(t - \frac{r}{a}\right)}{r} dS$, étendue à la surface de la sphère de rayon R, est nulle; une pareille distribution de *sources élémentaires* est sans action sur un point extérieur.

Mais si la sphère considérée est seulement très voisine d'une sphère pour laquelle R est un multiple entier de $\frac{\lambda}{2}$, il faudra mettre sur cette sphère des sources élémentaires dont la densité superficielle soit très grande.

En observant que $\int \frac{\sin \frac{2\pi}{T}\left(t - \frac{r}{a}\right)}{r} dS$ est nul, quand le diamètre $2R$ est un multiple entier de λ, on retrouve ce résultat précédemment énoncé que, dans le cas particulier de $2R = \lambda$, la fonction sous le signe $\int$ étant une fonction périodique de période

$\frac{2R}{a}$, l'intégrale est nulle. On pourra toujours ajouter à la valeur (9) (page 13) de σ un terme

$$\varsigma(t) = K \sin \frac{\pi}{R} a (t - \alpha).$$

K et α étant quelconques, car on a toujours

$$\int \frac{\varsigma'\left(t - \dfrac{r}{a}\right)}{r} \, dS = 0.$$

La source superficielle $\sigma(t) + \varsigma(t)$ est donc, dans une certaine mesure, arbitraire ; on peut dire néanmoins qu'elle est déterminée en grandeur et en phase, en ce sens que la période de $\varsigma(t)$ étant en général totalement différente de la période de $\sigma(t)$, n'en étant ni multiple ni sous-multiple, il y a superposition de deux mouvements périodiques différents qui n'interfèrent pas, l'un en quelque sorte parasite et arbitraire, l'autre essentiel et déterminé.

3° Ici nous nous sommes donné φ fonction périodique sinusoïdale du temps, et nous nous sommes imposé la même condition pour Φ.

Comme

$$\Phi(l, t) = \frac{1}{l}\left[F\left(t - \frac{l}{a}\right) - F\left(t - \frac{l}{a}\right)\right],$$

il résulterait de (11), page 13, que

$$\Phi(l, t) = \frac{1}{2l \sin \frac{2\pi R}{aT}}\left[\cos \frac{2\pi}{T}\left(t - \frac{R - l}{a}\right) - \cos \frac{2\pi}{T}\left(t - \frac{R - l}{a}\right)\right].$$

$$\Phi(l, t) = \frac{\sin \frac{2\pi l}{aT}}{l \sin \frac{2\pi R}{aT}} \cdot \sin \frac{2\pi}{T}\left(t - \frac{R}{a}\right).$$

Cette fonction périodique a une *amplitude* qui dépend de l, c'est-à-dire de la position du point dans l'espace, mais une *phase* qui en est indépendante : la phase de Φ est constante dans tout l'intérieur de la surface S.

Le mouvement correspondant constitue un système d'*ondes stationnaires*.

Dans le cas d'ondes périodiques, si, d'une façon générale, S est
une surface d'onde satisfaisant à la condition que la phase y soit
constante, le problème de la détermination de Φ à l'intérieur
pourra être résolu par une fonction périodique dont l'amplitude
dépende des coordonnées, mais dont la phase soit constante dans
tout l'intérieur.

Posons en effet

$$\Phi = A \sin \frac{2\pi}{T}(t - \alpha),$$

A et α seront deux fonctions de x, y, z et du temps t, satisfaisant
à un système de deux équations aux dérivées partielles

$$- \frac{4\pi^2}{T^2} A = a^2 \left\{ \left(\Delta A - \frac{4\pi^2}{T^2} A \left[\left(\frac{\partial \alpha}{\partial x}\right)^2 + \left(\frac{\partial \alpha}{\partial y}\right)^2 + \left(\frac{\partial \alpha}{\partial z}\right)^2 \right] \right) \right.$$
$$2 \left(\frac{\partial A}{\partial x} \frac{\partial \alpha}{\partial x} + \frac{\partial A}{\partial y} \frac{\partial \alpha}{\partial y} + \frac{\partial A}{\partial z} \frac{\partial \alpha}{\partial z} \right) + A \Delta \alpha = 0.$$

et aux conditions aux limites

$$A = A_0(x, y, z) \text{ sur la surface S};$$
$$\alpha = \text{const.} = k \text{ sur la surface S.}$$

On peut évidemment y satisfaire en donnant à α la même valeur k dans l'intérieur et prenant pour A une fonction satisfaisant
à l'intérieur à

$$\frac{4\pi^2}{T^2} A - a^2 \Delta A = 0$$

et prenant les valeurs données $A(x, y, z)$ à la surface. Il est possible de trouver une fonction; il y en a même, en général, une
infinité, répondant à ces conditions. La fonction Φ, et il en est de
même de $\frac{\partial \Phi}{\partial n_e}$, a donc, comme la fonction donnée φ, même phase
en tous les points de la surface S $\left(\text{ce que nous écrivons } \frac{\partial \Phi}{\partial n_e} \text{; c'est}\right.$
simplement ici $\frac{\partial \Phi}{\partial n_i}$ changé de signe $\Big)$. (*Voir* la note de la page 8.)

S'il arrivait en outre que la dérivée normale $\frac{\partial \varphi}{\partial n_e}$ eût aussi une
phase constante sur toute la surface S de l'onde, la source super-
ficielle σ, qui est, au facteur près 4π,

$$\frac{\partial \Phi}{\partial n_e} - \frac{\partial \varphi}{\partial n_e},$$

pourrait être choisie telle *que sa phase fût constante sur toute la surface de l'onde,* quoique différente de la phase de φ ou de celle de $\frac{\partial \varphi}{\partial n_e}$. *On pourrait légitimer ainsi les conclusions de certains raisonnements approximatifs donnés dans la théorie de la diffraction.*

11. Voici maintenant quelques remarques d'un caractère plus général :

1° Dans l'intégration, nous ne nous occupons pas de distinguer la partie de la surface sphérique qui regarde le point M_0 et l'autre côté. Nous composons les actions provenant de toute la surface, absolument comme en électricité nous tenons compte de l'attraction exercée par toutes les parties d'une surface électrisée. Nous supposons ainsi toute la couche superficielle où sont distribuées les sources *transparentes*. C'est là une remarque essentielle pour la suite ;

2° La vitesse en M_0 se déduit simplement du potentiel des vitesses. La composante de la vitesse suivant la direction x est

$$\left(\frac{\partial \varphi_0}{\partial x}\right)_0 = \int \frac{\partial}{\partial x_0} \frac{\tau\left(t - \dfrac{r}{a}\right)}{r} \, dS.$$

Dans le cas d'une onde plane indéfinie, M. Gouy (¹) a montré qu'on arrive à l'expression exacte de la vitesse au point M_0 par la même formule

$$(\varphi_0)_x = \left(\frac{\partial \varphi_0}{\partial x}\right)_0 = \int \frac{\partial}{\partial x_0} \frac{\tau\left(t - \dfrac{r}{a}\right)}{r} \, dS.$$

à condition de prendre

$$\tau = \frac{1}{2\pi} v,$$

v étant la vitesse réelle du mouvement vibratoire au point où est l'élément dS ;

3° La fonction Ψ, qui représente dans tout l'espace le potentiel

---

(¹) Gouy, *loc. cit.*

des vitesses provenant des sources élémentaires distribuées sur la surface S, coïncide avec φ dans tout l'extérieur, avec Φ dans tout l'intérieur. Elle est donc continue quand on traverse la surface S. De même, la fonction $\frac{\partial \Psi}{\partial t}$, qui représente, à un facteur constant près, la condensation, est continue quand on traverse S. Au contraire, pour la vitesse $\frac{\partial \Psi}{\partial n}$, la surface S est une surface de *discontinuité*. La différence des deux valeurs des deux côtés est précisément

$$\frac{\partial \Psi}{\partial n_i} + \frac{\partial \Psi}{\partial n_e} = - 4\pi\sigma.$$

Comment peut-on imaginer réalisée matériellement une pareille couche de sources élémentaires ?

12. Soit un tuyau cylindrique indéfini, parallèle à Ox. A la tranche qui est à l'origine on peut imprimer un mouvement arbitraire : il en résultera une onde plane qui se transmettra dans le tuyau, des deux côtés, du côté des x positifs et du côté des x négatifs.

Prenons le cas, en apparence le plus simple, où cette tranche origine est formée d'une paroi rigide infiniment mince, à laquelle

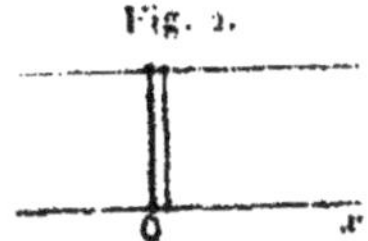

on donne de petits déplacements oscillatoires. Sa position est une fonction sinusoïdale du temps (*fig.* 2)

$$\xi = A \sin 2\pi \frac{t}{T}.$$

La *vitesse*

$$v = \frac{d\xi}{dt} = \frac{2\pi A}{T} \cos 2\pi \frac{t}{T}.$$

Le potentiel des vitesses en un point du tuyau, d'abscisse x du côté des x positifs, est

$$\varphi_1 = B \sin 2\pi \left(\frac{t}{T} - \frac{x}{\lambda} \cdots \beta \right);$$

on détermine les coefficients B et β par la condition que la vitesse sur la tranche origine soit la vitesse même de la paroi rigide. Pour $x = 0$,

$$v_1 = \frac{d\varphi_1}{dx} = -\frac{2\pi B}{\lambda} \cos 2\pi \left(\frac{t}{T} - \beta\right)$$

d'où

$$B = -Aa,$$
$$\beta = 0.$$

Ainsi

$$\varphi_1 = -Aa \sin 2\pi \left(\frac{t}{T} - \frac{x}{\lambda}\right)$$

et à l'origine

$$v_1 = \frac{2\pi A}{T} \cos 2\pi \frac{t}{T}.$$

La condensation à l'origine

$$s_1 = -\frac{1}{a^2} \frac{d\varphi_1}{dt} = \frac{2\pi A}{aT} \cos 2\pi \frac{t}{T}.$$

Du côté des x négatifs, on trouverait de même que

$$\varphi_2 = -Aa \sin 2\pi \left(\frac{t}{T} + \frac{x}{\lambda}\right).$$

Pour $x = 0$

$$v_2 = \frac{d\varphi_2}{dx} = \frac{2\pi A}{T} \cos 2\pi \frac{t}{T} = v_1$$

et

$$s_2 = -\frac{1}{a^2} \frac{d\varphi_2}{dt} = -\frac{2\pi A}{aT} \cos 2\pi \frac{t}{T}.$$

Si l'on considère les trois quantités φ, v et s, d'un bout du tuyau à l'autre, on voit qu'en traversant l'origine où est la source d'ébranlement, φ et s éprouvent une discontinuité; v, au contraire, est continu.

Cela est bien évident : la paroi rigide, en se déplaçant, imprime la même vitesse aux tranches d'air immédiatement en contact des deux côtés, et elle produit une condensation d'un côté, une raréfaction de l'autre.

En imaginant une membrane qui prît la forme de notre surface fermée S, et qui éprouvât en chacun de ses points de petits déplacements normaux à sa surface, nous aurions donc un mouvement

dans lequel la vitesse serait continue, le potentiel des vitesses et
la condensation discontinus, sur la surface S.

C'est le contraire de ce que nous voulons.

13. Que faudrait-il mettre à l'origine dans notre tuyau cylindrique, pour avoir continuité de condensation et discontinuité de
vitesses ?

Au lieu d'une paroi unique P, prenons-en deux, P_1 et P_2, coïncidant en O à l'état de repos, et éprouvant de part et d'autre de
l'origine, simultanément, des déplacements inverses. On a ainsi
une sorte de tambour qui se gonfle ou se dégonfle. Nous supposons
que les deux parois ne sont pas d'abord en contact, afin qu'en se
rapprochant ou en s'écartant elles puissent produire à volonté
une raréfaction ou une condensation, et cela des deux côtés à
la fois.

Le déplacement ξ_1 de la paroi P_1 étant

$$\xi_1 = A \sin 2\pi \frac{t}{T};$$

et celui de la paroi P_2

$$\xi_2 = - A \sin 2\pi \frac{t}{T},$$

il est aisé de voir qu'on a, à l'origine :

$$
\left|
\begin{aligned}
\varphi_1 &= - Aa \sin 2\pi \frac{t}{T} \\[4pt]
v_1 &= \frac{2\pi A}{T} \cos 2\pi \frac{t}{T} \\[4pt]
s_1 &= \frac{2\pi A}{\lambda} \cos 2\pi \frac{t}{T}
\end{aligned}
\right.
\qquad
\left|
\begin{aligned}
\varphi_2 &= - Aa \sin 2\pi \frac{t}{T} \\[4pt]
v_2 &= - \frac{2\pi A}{T} \cos 2\pi \frac{t}{T} \\[4pt]
s_2 &= + \frac{2\pi A}{\lambda} \cos 2\pi \frac{t}{T}
\end{aligned}
\right.
$$

Ce qu'il y a de commun à ce cas et au cas précédent, c'est que,
quand on traverse la membrane, le produit $v_1 s_1$ de la vitesse par
la condensation change de signe : *c'est du signe de ce produit
que dépend le sens de la propagation.*

Il faut toujours supposer que la paroi du premier cas, le tambour infiniment mince du second cas, se laissent traverser par un
ébranlement quelconque provenant d'une autre source située plus
loin; en sorte que, dans le cas du tambour, par exemple, la vitesse
peut ne pas avoir, comme ici, des valeurs égales et de signes con-

traires des deux côtés; il peut y avoir une vitesse supplémentaire
s'ajoutant à v_1 et à v_2, et la même pour les deux; ce qui se con-
serve, c'est la différence $v_1 - v_2$, laquelle ne dépend précisément
que de la source d'ébranlement perturbatrice introduite par le
tambour mis en ce point.

La distribution de sources superficielles élémentaires qui nous
permet de résoudre le problème d'Huygens peut donc être réalisée par une double membrane formant soufflet, coïncidant avec
la surface S, et où la pression intérieure serait réglable à volonté,
et en chaque point d'une façon indépendante de ce qui se passe
aux points voisins.

Voilà ce qui correspond, dans le problème des petits mouvements longitudinaux, à la surface électrisée en électricité (¹).

14. Cette double membrane éveille cependant l'idée, non d'une
simple couche d'électricité, mais d'une couche double, de quelque
chose d'analogue à un feuillet magnétique de puissance variable
d'un point à l'autre.

C'est là une analogie de mots qui est trompeuse. Nous allons
voir qu'au contraire *cette double membrane, formant soufflet,
correspond à la simple couche électrisée et que la membrane
unique éprouvant des déplacements normaux à sa surface,*

(¹) a a les dimensions d'une vitesse. L'élément sur quoi nous pouvons agir
en chaque point de la membrane-soufflet, c'est la *condensation* : une condensation est un nombre abstrait. Une vitesse v divisée par la vitesse a du son dans
le milieu, est également un nombre abstrait, par suite est de l'ordre d'une
condensation.

Il est aisé de voir que l'on aurait, si en un point de la couche superficielle
la condensation était s, une discontinuité résultante dans la valeur de la dérivée de Ψ :

$$\frac{d\Psi}{dn_1} - \frac{d\Psi}{dn_2} = 4\pi s.$$

On a donc à introduire en chaque point une condensation supplémentaire

$$s = -\frac{\lambda \pi \tau}{a}.$$

La couche, qui est *transparente*, participe en chaque point au déplacement et
à la condensation envoyés par les autres parties de la même couche; en chaque
point de S on suppose la couche en relation par un tube infiniment mince avec
un récipient où l'on impose au gaz une *condensation* s à l'instant t.

*correspond à la couche double d'électricité (ou de magné-
tisme).*

A priori on s'en rend compte en remarquant que, dans la
simple couche électrisée et dans la double membrane formant
soufflet, il n'y a pas de propriété qui, en un point donné, implique
l'idée de direction. L'élément de surface électrisée agit par sa
charge σdS, son orientation n'intervient pas; de même l'élément
superficiel du soufflet qui, en se contractant ou en se dilatant,
condense ou raréfie l'air au voisinage absolument comme le ferait
une petite sphère isolée, qui éprouverait des contractions ou des
dilatations.

15. Accolons deux couches simples d'électricité, ayant des den-
sités égales et opposées σ et $-\sigma$; il faut supposer qu'en chaque
point le produit de σ par la distance très petite ε des deux couches
de signes contraires a une valeur finie. Ce produit est la *puissance*
Σ de la couche, son moment électrique rapporté à l'unité de surface. Il faudra nous demander si un pareil feuillet, formant surface
fermée, peut, au point de vue du champ électrique extérieur, remplacer un nombre quelconque de charges intérieures.

Nous savons que le potentiel électrostatique (*fig.* 3) dû à un

Fig. 3.

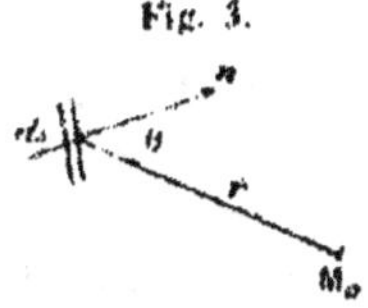

élément double ΣdS, en un point M_0, situé à une distance r et
dans une direction qui fait l'angle θ avec l'axe électrique de
l'élément, c'est-à-dire avec la normale n à la surface, a pour
expression

$$\frac{\Sigma dS}{r^2}\cos\theta = \frac{\partial}{\partial n}\frac{\Sigma dS}{r},$$

Accolons de même deux doubles membranes-soufflets, de telle
sorte qu'en chaque point les deux quantités σ relatives aux deux
soufflets soient égales et de signes contraires : s'il y a augmenta-
tion de pression dans l'une, il y a diminution égale de pression

dans l'autre, de façon que le système ne produit pas de différence de condensation entre les deux côtés, et qu'on a l'équivalent d'un déplacement d'ensemble. Une *membrane simple*, éprouvant en chaque point de sa surface un déplacement normal comme la membrane considérée page 18, peut être regardée comme une *couche*

Fig. 4.

double formée de deux *doubles membranes* pareilles à celle qui a été étudiée page 20. La membrane simple est à la double membrane-soufflet ce que la double couche électrique est à la simple surface électrisée. Le déplacement normal correspond au moment électrique par unité de surface.

La comparaison est bien exacte. Avec la double couche électrique, nous avons discontinuité dans la valeur du *potentiel;* en traversant la couche, il y a variation brusque de $4\pi\Sigma$; nous avons, au contraire, continuité dans la valeur de la *force*. De même notre membrane simple, éprouvant des déplacements normaux, nous donne un mouvement dans lequel la vitesse est continue dans tout l'espace; le potentiel des vitesses et la condensation sont discontinues.

La discontinuité qu'éprouve la condensation est $\frac{2v}{a}$, v étant la vitesse normale de l'élément de surface et la discontinuité du potentiel de vitesse $-2a\xi$, ξ étant le déplacement normal; ce qui correspond à la puissance électrique Σ: c'est donc $-\frac{a\xi}{2\pi}$.

Essayer de remplacer les sources d'ébranlement intérieures par une couche superficielle de centres d'ébranlement, aux éléments de laquelle on donne des *vitesses*, et chercher à déterminer ces vitesses de façon à produire le même effet à l'extérieur, est donc un problème autre que le problème d'Huygens précédemment étudié. C'est, si l'on veut, un *problème d'Huygens de deuxième espèce*. Il importe de ne pas les confondre.

16. Nous allons aborder ce problème de deuxième espèce absolument distinct de celui de première espèce.

Il peut paraître à première vue que sa solution soit une affaire de simple bon sens, et qu'elle soit celle à laquelle Fresnel a songé. Enfermons tous les centres d'ébranlement par une surface formée par une membrane, et donnons à cette membrane, en chaque point, une vitesse normale égale à la vitesse que possède réellement, dans cette même direction, la couche d'air avec laquelle elle coïncide. Ce système de sources ne donnera-t-il pas en un point extérieur un mouvement identique au mouvement réel?

Il n'en est pourtant rien. Sans doute, si l'on se donne la surface fermée et les valeurs de la fonction $\frac{\partial\varphi}{\partial n}$ sur cette surface, égales aux valeurs qu'y prend réellement $\frac{d\varphi}{\partial n}$, le problème qui consistera à déterminer une fonction φ satisfaisant à l'équation différentielle et à cette condition aux limites nous conduira à la fonction φ, qui est le potentiel des vitesses réel. Mais ce n'est pas là le problème. Il s'agit de savoir si, en considérant chacun de ses éléments comme une *source*, et comme une source double à laquelle on donne pour *moment par unité de surface* $-\frac{a\xi}{2\pi}$, ξ *étant le déplacement normal réel*, on obtient le même mouvement à l'extérieur qu'avec les centres intérieurs auxquels on veut suppléer. En général :

1° On n'y arrive jamais en donnant au moment la valeur $-\frac{a\xi}{2\pi}$, ξ étant le déplacement normal réel;

2° On y arrive en donnant au moment élémentaire en chaque point une *valeur convenable*. La recherche de ces valeurs constituera précisément *le problème d'Huygens de seconde espèce*.

17. Il est analogue, on l'a vu, au problème d'électricité qui consiste à chercher quelle puissance il faut donner en chaque point à un feuillet double coïncidant avec une surface fermée qui enferme les charges électriques, pour produire le même champ extérieur. Ce problème, qu'on peut appeler *problème de Green de seconde espèce*, est-il toujours possible?

Un cas particulier important semble prouver qu'il ne l'est pas. Prenons un point attirant unique et une sphère qui a ce point O pour centre. On peut, au point de vue de l'action extérieure, remplacer la charge M, qui est en O, par une distribution superficielle de densité $\frac{M}{4\pi R^2}$ sur la surface de la sphère. C'est le problème de Green de première espèce dans un cas particulièrement simple. Mais on ne pourra pas remplacer le point attirant par une couche double répandue sur la sphère. En effet, la raison de symétrie indique que la puissance sera la même en tous les points de la surface, elle aura partout le même signe, c'est-à-dire que partout la charge positive sera en dehors ou partout en dedans. Les charges des deux couches, toutes deux sphériques et uniformes, peuvent être transportées au centre, et, comme elles sont égales, elles se détruisent. Un pareil feuillet n'a aucun effet sur un point extérieur : il ne saurait donc, quelle que soit sa puissance, remplacer le point attirant O.

Nous allons voir que c'est là un cas d'impossibilité exceptionnel et que le problème est possible en général.

Reprenons l'identité de Green (p. 7)

$$4\pi V_0 = \int \left(V \frac{\partial \frac{1}{r}}{\partial n_e} - \frac{1}{r} \frac{\partial V}{\partial n_e} \right) dS.$$

L'élément dS de la double couche, si la puissance est Σ en ce point, exerce au point M_0 une action dont le potentiel est

$$\frac{\partial}{\partial n_e} \left(\frac{\Sigma\, dS}{r} \right) = \Sigma\, dS \frac{\partial \frac{1}{r}}{\partial n_e},$$

car l'expression $\frac{\Sigma\, dS}{r}$ ne dépend du paramètre de direction que par la distance r de dS à M_0, ici Σ étant indépendant de M_0 par hypothèse.

Ici, c'est le premier terme de l'élément différentiel qui satisfait à la condition cherchée, $V \dfrac{\partial \frac{1}{r}}{\partial n_e}$. C'est du second qu'il faut se débarrasser.

Remarquons, pour cela, qu'on a, pour une fonction W harmonique, dans tout l'intérieur de la surface (p. 8),

$$0 = \int \left(W \frac{\partial \frac{1}{r}}{\partial n_e} - \frac{1}{r} \frac{\partial W}{\partial n_e} \right).$$

Si l'on détermine W par la condition que sur la surface

$$\frac{\partial W}{\partial n_e} = \frac{\partial V}{\partial n_e},$$

ce qui rentre encore dans le problème de Dirichlet, on calcule les valeurs de W sur la surface, et l'on a

$$4 \pi V_0 = \int (V - W) \frac{\partial \frac{1}{r}}{\partial n_e}\, dS,$$

d'où

$$\Sigma = \frac{1}{4\pi} (V - W)\ (^1).$$

18. Cherchons à appliquer au cas de la sphère ayant un point attirant au centre, afin de voir pourquoi le problème est impossible.

On a

$$V = \frac{m}{R},$$

$$\frac{\partial V}{\partial n_e} = \frac{\partial V}{\partial R} = - \frac{m}{R^2}.$$

Cherchons W harmonique dans tout l'intérieur, et tel que

$$\frac{\partial W}{\partial n_e} = \frac{\partial W}{\partial R} = - \frac{m}{R_2}.$$

(¹) W n'est déterminé qu'à une constante près. Mais si l'on ajoute une constante au moment élémentaire par unité de surface, on ne change rien. Nous avons vu tout à l'heure un cas particulier d'un feuillet fermé de puissance constante sans action extérieure ; le fait est vrai pour un feuillet fermé quelconque de puissance constante. Il suffit de remarquer qu'un pareil feuillet magnétique fermé équivaut à un courant dont tout le circuit se réduirait à un point.

On a

$$\Delta W = \frac{\partial^2 W}{\partial l^2} + \frac{2}{l}\,\frac{\partial W}{\partial l} = 0 \qquad (l, \text{distance au centre})$$

ou

$$\frac{\partial^2 (l W)}{\partial l^2} = 0,$$

$$W = al + b,$$

$$W = a + \frac{b}{l}$$

et

$$\left(\frac{\partial W}{\partial l}\right)_{l=\mathrm{R}} = -\frac{b}{l^2} = -\frac{b}{\mathrm{R}^2}.$$

Il faut que

$$b = m.$$

ce qui est inconciliable avec la condition que W soit fini dans tout l'intérieur, en particulier au point O, condition qui exige évidemment

$$b = 0.$$

La difficulté est là tout entière : nous avons, pour déterminer les deux constantes arbitraires a et b, deux conditions :

1°
$$al + b = 0 \quad \text{pour} \quad l = 0 ;$$

2°
$$-\frac{b}{l^2} = -\frac{m}{\mathrm{R}^2} \quad \text{pour} \quad l = \mathrm{R}.$$

Ces deux équations linéaires se trouvent, dans ce cas spécial, incompatibles, ce qui conduit à une impossibilité. Mais, en général, on aura le nombre nécessaire et suffisant de conditions pour déterminer les arbitraires.

19. Passons au problème analogue, avec l'équation des petits mouvements. Il est aisé de voir de même que, si l'on a deux *sources superficielles élémentaires* (p. 6) $\sigma(t)\,dS$ et $-\sigma(t)\,dS$, séparées par un intervalle très petit, $\varepsilon = dn_e$, le potentiel des vitesses au point M_0 sera

$$\frac{\partial}{\partial n_e}\left[\frac{\sigma\left(t - \frac{r}{a}\right)}{r}\,dS\right] \times : = \frac{\partial}{\partial n_e}\left[\frac{\Sigma\left(t - \frac{r}{a}\right)}{r}\,dS\right],$$

en appelant Σ la *puissance* ou *moment par unité de surface* $\varepsilon\tau$.

Ici, il y aura deux termes dans la dérivée, l'un provenant de r qui est en dénominateur, l'autre de r qui figure dans $t - \dfrac{r}{a}$.

$$\frac{\partial \frac{1}{r}}{\partial n_e} \Sigma \left(t - \frac{r}{a} \right) dS - \frac{1}{ar} \frac{\partial \Sigma}{\partial t} \left(t - \frac{r}{a} \right) dS.$$

Nous reconnaissons là les deux premiers termes de la fonction G qui intervient dans le théorème de Kirchhoff. On peut écrire (p. 9)

$$\varphi_0 = \frac{1}{4\pi} \int \left\{ \frac{\partial}{\partial n_e} \left[\frac{\varphi \left(t - \frac{r}{a} \right)}{r} \right] - \frac{1}{r} \frac{\partial \varphi}{\partial n_e} \left(t - \frac{r}{a} \right) \right\} dS.$$

Déterminons une fonction Φ harmonique dans tout l'intérieur et telle que $\dfrac{\partial \Phi}{\partial n_e}$ soit égal à $\dfrac{\partial \varphi}{\partial n_e}$ sur la surface S. Le problème est analogue à celui que nous avons indiqué (p. 26); c'est un problème plus général que celui de Dirichlet. En le résolvant, nous déterminons la fonction Φ (à une constante près).

Dès lors, pour donner à φ_0 la forme cherchée

$$\varphi_0 = \int \frac{\partial}{\partial n_e} \left| \frac{\Sigma \left(t - \frac{r}{a} \right)}{r} \right| dS,$$

il suffit de prendre

$$\Sigma = \frac{1}{4\pi} (\varphi - \Phi),$$

et, comme Σ représente le *déplacement* au facteur près $- \dfrac{a}{2\pi}$, il suffit de donner à la membrane un *déplacement* égal en chaque point à

$$- 2a(\varphi - \Phi).$$

Le calcul, calqué sur celui de la page 13 pour le problème de Huygens de première espèce, dans le cas d'une sphère ayant au centre une source d'ébranlement unique, nous donnerait avec

$$\varphi = \frac{\sin \frac{2\pi}{T} \left(t - \frac{l}{a} \right)}{l},$$

à une distance l du centre O,

$$\Phi = -\frac{\sin\frac{2\pi l}{\lambda}}{l\cos\frac{2\pi}{T}\alpha} \times \cos\frac{2\pi}{T}(t-\alpha),$$

α étant défini par la condition

$$\tan\frac{2\pi}{T}\alpha = \frac{\frac{2\pi}{T}l\sin\frac{2\pi l}{\lambda} + a\cos\frac{2\pi l}{\lambda}}{\frac{2\pi}{T}l\cos\frac{2\pi l}{\lambda} + a\sin\frac{2\pi l}{\lambda}},$$

Nous voyons aisément que le déplacement ξ de l'élément source n'a nullement la même phase que le déplacement de l'élément réel.

20. Reprenons l'onde plane et le raisonnement de M. Gouy (*Ann. de Chimie et de Phys.*, 2ᵉ série, t. XXIV, p. 179).

« Soit $V_1 = F(t)$ la vitesse vibratoire sur le plan M. La vitesse envoyée par l'élément σ (¹) sera

$$v = \frac{\sigma}{2\pi}\left[\frac{1}{r^2}F\left(\frac{at-r}{a}\right) + \frac{1}{r}F'\left(\frac{at-r}{a}\right)\right];$$

la vibration partie de σ, qui arrive au point A (point M_0 sur la *fig.* 5), est dirigée suivant la droite Aσ; sa composante sui-

Fig. 5.

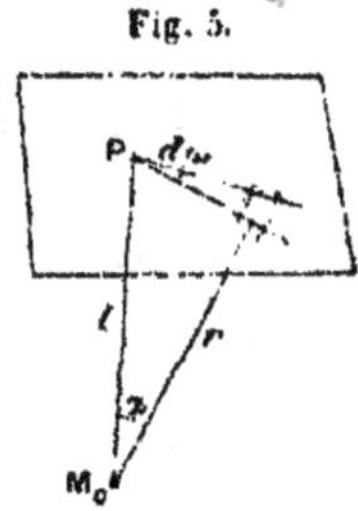

vant PA, qui subsistera seule dans l'intégration, est $v\cos\alpha$, et l'on a

$$\cos\alpha = \frac{l}{r}.$$

(¹) σ est ici l'élément de surface, que j'ai appelé dS.

» On a donc, pour la vitesse V_2 au point A,

$$V_2 = \int\int v \cos z = \frac{l}{2\pi} \int_0^{2\pi} d\omega \int_l^s \left[\frac{1}{r^2} F\left(\frac{at-r}{a} \right) + \frac{1}{r} F'\left(\frac{at-r}{a} \right) \right] dr.$$

» L'intégration par rapport à ω s'effectue immédiatement : dans la deuxième intégrale, la quantité sous le signe $\int$ est la différentielle de

$$- \frac{1}{r} F\left(\frac{at-r}{a} \right).$$

Il vient donc

$$V_2 = F\left(\frac{at-l}{a} \right),$$

ce qui est l'expression cherchée. »

21. Ce calcul est le même que celui auquel on est conduit dans le problème d'Huygens de première espèce; ici seulement on a mis la vitesse réelle $v = \frac{\partial \varphi}{\partial n_e}$ au lieu de $\frac{1}{2} \left(\frac{\partial \varphi}{\partial n_e} - \frac{\partial \Phi}{\partial n_e} \right)$ dans l'expression de la densité superficielle élémentaire.

Nous avons, en effet (p. 9),

$$\varphi_0 = \frac{1}{4\pi} \int -\frac{1}{r} \left(\frac{\partial \varphi}{\partial n_e} - \frac{\partial \Phi}{\partial n_e} \right) dS,$$

d'où, pour la composante de la vitesse dans une direction x_0,

$$(v_0)_x = \frac{\partial \varphi_0}{\partial x_0} = \frac{1}{4\pi} \int \frac{d}{dx_0} \left[-\frac{1}{r} \left(\frac{\partial \varphi}{\partial n_e} - \frac{\partial \Phi}{\partial n_e} \right) \right] dS.$$

$$(v_0)_x = \frac{1}{4\pi} \int \frac{d}{dr} \left[-\frac{1}{r} \left(\frac{\partial \varphi}{\partial n_e} - \frac{\partial \Phi}{\partial n_e} \right) \right] \cos(r, x)\, dS.$$

Dans le cas de l'onde plane $\cos(r, x) = \frac{l}{r}$ et

$$dS = r\, dr\, d\omega,$$

ce qui rend l'intégration particulièrement simple.

Il est à remarquer que φ_0, calculé en effectuant l'intégration

$$\varphi_0 = \frac{1}{4\pi} \int -\frac{1}{r} \frac{\partial \varphi}{\partial n_e}\, dS,$$

est infini dans le cas de l'onde plane, en faisant

$$\frac{d\varphi}{\partial n_e} = F(t)$$

(le V_1 de M. Gouy).

Cela nous rappelle un résultat identique en électricité. Le potentiel électrostatique d'une couche plane indéfinie, isolée, est infini en un point quelconque de l'espace. Mais la dérivée du potentiel prise dans la direction normale au plan, c'est-à-dire la force électrique, n'en est pas moins finie en un point quelconque, avec la valeur constante $2\pi\sigma$; elle tend vers une limite finie $2\pi\sigma$, si l'on fait croître indéfiniment l'aire de la couche plane attirante, tandis que le potentiel, dans les mêmes circonstances, croît indéfiniment. Ici, nous avons la même chose

$$\left(\frac{d\varphi}{dx}\right)_0 = -2\pi\sigma\left(t - \frac{r}{a}\right) = \frac{\partial\varphi}{\partial n_e}\left(t - \frac{r}{a}\right).$$

22. Le calcul de M. Gouy correspond au problème de première espèce, en ce que le point de départ, la quantité introduite comme source, a les dimensions d'une vitesse, comme σ; on divise par r et on remplace t par $t - \frac{r}{a}$; puis on prend la dérivée par rapport à r pour calculer la vitesse en un point situé à une distance r de l'élément; et, enfin, on multiplie par $\cos(r, x)$ pour avoir la composante dans la direction x; ces deux dernières opérations reviennent à prendre la dérivée $\frac{\partial}{\partial x}$ dans la direction x.

Il ne s'introduit pas ici de dérivée prise suivant la normale à la surface S, mais simplement une dérivée dans la direction dans laquelle on cherche la composante de la vitesse. Il se trouve qu'elles coïncident dans ce cas particulier; mais si l'on multiplie par $\cos(r, x)$ ($\cos\alpha$ de M. Gouy), cela est simplement, parce que c'est suivant la direction x qu'on cherche la composante.

Au contraire, le problème de deuxième espèce comporte une différentiation par rapport à la normale. Le calcul qui lui correspond aboutirait d'ailleurs, lui aussi, à une conclusion correcte dans le cas de l'onde plane, en prenant pour Σ la valeur $\frac{1}{2\pi}\varphi$, φ étant le potentiel des vitesses réel, c'est-à-dire en donnant au *déplacement* ξ de la membrane, au point où est l'élément dS, la valeur qu'a le déplacement réel de la couche d'air en ce point.

Si l'on a sur le plan de l'onde

$$V_1 = F(t),$$

on a, pour le potentiel des vitesses,

$$\varphi_1 = \int V_1 \, dx = -a\, \vec{\mathcal{F}}(t),$$

en posant

$$F(t) = \vec{\mathcal{F}}'(t),$$

et supposant que le mouvement se propage vers les x positifs.

Ici je fais

$$\Sigma\left(t - \frac{r}{a}\right) = -\frac{a}{2\pi}\, \vec{\mathcal{F}}\left(t - \frac{r}{a}\right).$$

Calculons

$$\varphi_0 = \int \frac{\partial}{\partial n_e}\left|\frac{\Sigma\left(t - \dfrac{r}{a}\right)}{r}\right| dS.$$

Ici

$$\frac{\partial}{\partial n_e} = \frac{\partial}{\partial x} = \cos(r, x)\frac{\partial}{\partial r},$$

d'où l'on conclut aisément

$$\varphi_0 = 2\pi\, \Sigma\left(t - \frac{l}{a}\right) = \varphi_1\left(t - \frac{l}{a}\right),$$

par suite, la vitesse

$$(v_0)_x = \frac{\partial \varphi_0}{\partial x} = V_1\left(t - \frac{l}{a}\right).$$

Ici nous trouvons, non seulement pour la vitesse, mais pour le potentiel des vitesses lui-même, des valeurs finies et des valeurs exactes, par la considération des sources fictives ayant des déplacements identiques aux déplacements réels.

Mais ce second problème, pour le cas d'une surface S non plane, conduirait pour la vitesse à des calculs autres que ceux que comporte le raisonnement de M. Gouy; le premier problème, au contraire, conduirait à ces calculs mêmes. Seulement, je le répète, en général, il faudrait mettre à la place de v une vitesse fictive ne coïncidant pas avec la vitesse réelle.

23. Ce cas de l'onde plane donne encore lieu à quelques remarques ; l'équation

$$\varphi_0 = \frac{1}{4\pi} \int G\left(t - \frac{r}{a}\right) dS$$

n'a plus de sens, puisque l'intégrale $\int G\left(t - \frac{r}{a}\right) dS$ devient infinie.

Mais nous avons vu que l'on a séparément les égalités

$$\frac{d\varphi_0}{dx_0} = (v_0)_x = \frac{1}{2\pi} \int \frac{d}{dx}\left(\frac{d\frac{1}{r}}{\partial n_e} - \frac{1}{ar}\frac{d\varphi}{dt}\frac{\partial r}{\partial n_e}\right) dS$$

et

$$\frac{d\varphi_0}{dx_0} = \frac{1}{2\pi} \int \frac{d}{dx}\left(\frac{1}{r}\frac{d\varphi}{dn_e}\right) dS.$$

Donc on peut encore écrire

$$\frac{d\varphi_0}{dx_0} = \frac{1}{4\pi} \int \frac{d}{dx}\left[\left(\frac{d\frac{1}{r}}{\partial n_e} - \frac{1}{ar}\frac{d\varphi}{dt}\frac{\partial r}{\partial n_e}\right) - \frac{1}{r}\frac{d\varphi}{dn_e}\right] dS,$$

$$\frac{d\varphi_0}{dx_0} = \frac{1}{4\pi} \int \frac{d}{dx} G\left(t - \frac{r}{a}\right) dS.$$

Le point M_0 est supposé pris du côté vers lequel se propage l'onde à partir du plan d'onde où l'on distribue les sources.

On peut résoudre ici les deux problèmes d'Huygens, c'est-à-dire résoudre de deux façons le problème qui consiste à remplacer la source réelle (ici à l'infini) par des sources distribuées sur la surface :

1° On peut considérer l'onde comme une *onde de condensation* ayant pour condensation s en chaque point, la valeur réelle de la condensation

$$-\frac{1}{a}\frac{d\varphi}{dn_e},$$

et étudier l'influence de ces sources superficielles élémentaires de condensation.

2° On peut considérer l'onde comme une *onde de déplacement* ayant pour valeur du déplacement ξ en chaque point la valeur réelle du déplacement.

Fac. de Lille.

On peut enfin combiner ces deux solutions extrêmes, et mettre sur l'onde plane d'une part des condensations qui seraient une fraction k de la condensation réelle, d'autre part, des déplacements qui seraient la fraction complémentaire $1 - k$ du déplacement réel. L'onde mixte ainsi constituée, et qui pourrait être réalisée avec notre soufflet auquel on donnerait un déplacement en même temps qu'on y ferait varier la pression intérieure, reproduirait, en considérant chacun de ses éléments comme source, le mouvement réel en un point quelconque situé du côté vers lequel se propage le mouvement.

Au contraire, si l'on considérait l'effet de ces sources en arrière, il est aisé de voir que l'onde de condensation et l'onde de déplacement se contrarieraient, et, si l'on faisait $k = \frac{1}{2}$, ce qui reviendrait à attribuer la moitié de l'énergie propagée à chacune des deux, on aurait réalisé cette décomposition de l'onde en deux systèmes de centres d'embranchement, tels que la superposition de leurs effets, calculés comme si chaque centre était isolé, donne, en arrière, toujours zéro, et, en avant, des effets identiques à la réalité.

Cette décomposition, qui a été indiquée par Fresnel dans sa controverse avec Poisson, en ondes de condensation et ondes de déplacement, ne conduirait pas d'ailleurs à ce résultat simple dans des cas plus compliqués que celui de l'onde plane. Il serait possible de mettre sur la surface S deux systèmes de sources, puisqu'on peut, pour cette surface S, résoudre les problèmes d'Huygens, de première et de seconde espèce; mais, en général, ces deux distributions de sources, qui donnent à l'extérieur en un point quelconque les mêmes résultats, ne donneraient pas du tout à l'intérieur des résultats égaux (au signe près) ou proportionnels; et il ne serait pas possible, en donnant à k une valeur constante, de réaliser deux systèmes de sources dont les actions s'annuleraient à l'intérieur.

24. En Optique, on a affaire à des mouvements transversaux, et le problème diffère du précédent en ce que, ce qui correspond au potentiel des vitesses devient un potentiel vecteur. Je me bornerai à signaler ici la correspondance qu'on peut établir entre les grandeurs que nous avons introduites en Acoustique et les gran-

deurs qui s'introduisent naturellement dans la théorie électromagnétique de la lumière.

	Théorie électromagnétique.		Acoustique.
Potentiel vecteur de Maxwell....	F	Déplacement,....	ξ
Force électrique .	$X = \dfrac{dF}{dt}$	Vitesse..........	$v = \dfrac{d\xi}{dt}$
Force magnétique	$x = U\,(^1)\,\nabla F$	Condensation....	$s = \nabla\xi$
Potentiel vecteur de M. Raveau $(^2)$	$\mathcal{A}$	Potentiel des vitesses.........	φ
Force magnétique	$x = -\dfrac{d\mathcal{A}}{dt}$	Condensation....	$s = -\dfrac{1}{a^2}\dfrac{d\varphi}{dt}$
Force électrique..	$X = U\nabla\mathcal{A}$	Vitesse.........	$v = U\nabla\varphi$

Aux deux couches qui résolvaient les problèmes d'Huygens de
première et de deuxième espèce répondraient ainsi deux couches
où l'on modifierait à volonté la composante normale de la force
magnétique (première espèce), ou bien le potentiel vecteur de
Maxwell (deuxième espèce).

(^{1}) Partie vectorielle de ∇F (notation des quaternions).
(^{2}) RAVEAU, *Comptes rendus de l'Académie des Sciences*, t. CXII, p. 853; 1891.

APPENDICE.

Théorème de Kirchhoff. Démonstration de M. Beltrami (¹).

« L'expression analytique exacte du principe d'Huygens a été donnée par Kirchhoff (dans son Mémoire *Zur Theorie der Lichtstrahlen*, 1882) grâce à une application ingénieuse du théorème de Green; elle sert désormais de base à la théorie rationnelle des phénomènes optiques les plus fondamentaux. Dans une Note que j'ai publiée en 1889 *Sur le principe d'Huygens* (*Rendiconti del R. Instituto Lombardo*), j'ai pris occasion de quelques objections formulées en principe par le professeur G.-A. Maggi, pour proposer quelques modifications au raisonnement de Kirchhoff, lequel, ainsi modifié, a été donné par M. P. Duhem dans son intéressant *Cours d'Hydrodynamique, Élasticité et Acoustique* (Paris, 1891).

» Depuis, en étudiant de nouveau cette démonstration, j'ai reconnu que le raisonnement en question pouvait être encore notablement simplifié et que, dans l'espèce, on pouvait arriver à éliminer toute distinction gênante d'intégrales *propres et impropres;* et cela en généralisant, en un sens différent du sens ordinaire, la formule de Green. Je me propose d'exposer le mode définitif de démonstration auquel on arrive ainsi, en profitant de l'occasion pour indiquer une extension ultérieure qu'on peut donner au résultat final et d'où l'on peut tirer quelques conclusions utiles.

» Soit S un espace quelconque (que nous allons d'abord supposer fini), σ la surface qui le limite, *n* la normale intérieure à la surface, *r* la distance d'un élément quelconque dS ou dσ à un pôle arbitraire, mais fixe. Soient en outre φ et F deux fonctions

---

des coordonnées x, y, z des points de S, monodromes, continues, finies et ayant des dérivées, ainsi que leurs dérivées premières. De l'identité suivante

$$\frac{\partial}{\partial x}\left[\left(\varphi\frac{\partial F}{\partial x} - F\frac{\partial\varphi}{\partial x}\right)\frac{1}{r}\right] = \left(\varphi\frac{\partial^2 F}{\partial x^2} - F\frac{\partial^2\varphi}{\partial x^2}\right)\frac{1}{r} - \left(\varphi\frac{\partial F}{\partial x} - F\frac{\partial\varphi}{\partial x}\right)\frac{\partial r}{\partial x}\frac{1}{r^2}$$

et des deux analogues, en observant qu'on a

$$\frac{dr}{dx} = \frac{\partial x}{\partial r}, \qquad \frac{dr}{dy} = \frac{\partial y}{\partial r}, \qquad \frac{dr}{dz} = \frac{\partial z}{\partial r},$$

on déduit

$$\sum\frac{\partial}{\partial x}\left[\left(\varphi\frac{\partial F}{\partial x} - F\frac{\partial\varphi}{\partial x}\right)\frac{1}{r}\right] = (\varphi\Delta_2 F - F\Delta_2\varphi)\frac{1}{r} - \left(\varphi\frac{\partial F}{\partial r} - F\frac{\partial\varphi}{\partial r}\right)\frac{1}{r^2};$$

par suite, en intégrant dans tout l'espace S, on peut écrire

$$\int(\varphi\Delta_2 F - F\Delta_2\varphi)\frac{dS}{r} + \int\left(\varphi\frac{dF}{\partial r} - F\frac{d\varphi}{\partial r}\right)\frac{d\sigma}{r}$$
$$+ \int\left\{\left(\frac{\partial(F\varphi)}{\partial r} - 2\varphi\frac{\partial F}{\partial r}\right)\right\}\frac{dS}{r^2} = 0.$$

» Or, en vertu d'un théorème de Gauss, traduction presque intuitive du procédé d'intégration par coordonnées polaires, on a

$$\int\frac{\partial(F\varphi)}{\partial r}\frac{dS}{r^2} = \int F\varphi\frac{\partial\frac{1}{r}}{\partial n}d\sigma - (\sigma)_0 F_0\varphi_0.$$

où F_0, φ_0 sont les valeurs des fonctions F, φ, au pôle, et $(\sigma)_0$ est. relativement à ce point, l'angle solide sous lequel on voit la surface σ; on obtient ainsi

$$(\sigma)_0 F_0\varphi_0 = \int\left(\varphi\frac{\partial\frac{F}{r}}{\partial n} - \frac{F}{r}\frac{d\varphi}{\partial n}\right)d\sigma$$
$$- \int(\varphi\Delta_2 F - F\Delta_2\varphi)\frac{dS}{r} - 2\int\varphi\frac{\partial F}{\partial r}\frac{dS}{r^2}$$

» Si maintenant l'on suppose que F ne dépend que du rayon vecteur r, auquel cas

$$\Delta_2 F = \frac{\partial^2 F}{\partial r^2} + \frac{2}{r}\frac{\partial F}{\partial r},$$

on a simplement

$$(1) \qquad (\tau)_0 \, F_0 \, \varphi_0 = \int \left(\varphi \, \frac{\partial \frac{F}{r}}{\partial n} - \frac{F}{r} \frac{d\varphi}{\partial n} \right) d\tau + \int \left(\varphi \, \frac{\partial^2 F}{\partial r^2} - F \Delta_2 \varphi \right) \frac{dS}{r} ;$$

et cette formule, analogue mais non identique à celle de Green,
est la plus propre à la déduction du principe d'Huygens.

« Cette déduction se fait en supposant que la fonction φ dépend
non seulement des coordonnées, mais aussi du temps t, et satisfait à l'équation des mouvements oscillatoires libres

$$\frac{\partial^2 \varphi}{\partial t^2} = a^2 \Delta_2 \varphi,$$

où a est la vitesse de propagation. Mais pour donner au résultat
l'extension ultérieure à laquelle je fais allusion plus haut, je sup-
poserai au contraire que l'équation pour φ soit la suivante :

$$\frac{\partial^2 \varphi}{\partial t^2} = a^2 (\Delta_2 \varphi + \psi).$$

où ψ est une autre fonction des coordonnées et du temps. Pour F,
il y a à prendre une fonction arbitraire de l'argument $t + \frac{r}{a}$, une
fonction, par suite, qui satisfait identiquement à l'équation

$$\frac{\partial^2 F}{\partial t^2} = a^2 \frac{\partial^2 F}{\partial r^2} .$$

« Dans cette hypothèse, en observant l'identité

$$\varphi \, \frac{\partial \frac{F}{r}}{\partial n} = F \left(\varphi \, \frac{\partial \frac{1}{r}}{\partial n} - \frac{1}{ar} \frac{\partial \varphi}{\partial t} \frac{dr}{\partial n} \right) - \frac{1}{ar} \frac{\partial (F\varphi)}{\partial t} \frac{dr}{\partial n} ,$$

on peut mettre l'équation (1) sous la forme

$$(\tau)_0 F_0 \varphi_0 = \int F \left(t - \frac{r}{a} \right) G(t) \, d\tau + \int F \left(t - \frac{r}{a} \right) \psi(t) \frac{dS}{r} + \frac{dH}{dt} ,$$

où l'on a posé, pour abréger :

$$H = \frac{1}{a} \int F \varphi \, \frac{\partial r}{\partial n} \frac{d\tau}{r} - \frac{1}{a^2} \int \left(\varphi \, \frac{\partial F}{\partial t} - F \frac{\partial \varphi}{\partial t} \right) \frac{dS}{r}$$

$$G(t) = \varphi \, \frac{\partial \frac{1}{r}}{\partial n} - \frac{1}{ar} \frac{\partial \varphi}{\partial t} \frac{\partial r}{\partial n} - \frac{1}{r} \frac{d\varphi}{\partial n} .$$

» Cette dernière expression, qui dépend du temps t, des coordonnées des points de σ, des cosinus de la normale n, a été désignée par le symbole $G(t)$ parce que c'est sur le seul paramètre t qu'il importe désormais de fixer l'attention. Pour la même raison, on a désigné par $\psi(t)$ la fonction ψ qui, en général, dépend aussi des coordonnées des points de S.

» Soient t_0 et $t_1 > t_0$ deux valeurs de t telles qu'on ait constamment

$$(2)_a \qquad \begin{cases} \varphi(x,y,z,t) = \psi(x,y,z,t) = 0 \text{ pour } t \leqq t_0, \\ F(t) = 0 \text{ pour } t \geqq t_1. \end{cases}$$

» Puisque les deux fonctions φ et F sont, par hypothèse, continues ainsi que leurs dérivées premières dans l'intervalle $t_0 \ldots t_1$, on a

$$\int_{t_0}^{t_1} \frac{dH}{dt}\, dt = 0.$$

et, par suite,

$$(3)_0 \quad \int_{t_0}^{t_1} F(t)\varphi_0\, dt = \int d\sigma \int_{t_0}^{t_1} F\left(t + \frac{r}{a}\right) G(t)\, dt$$
$$- \int \frac{dS}{r} \int_{t_0}^{t_1} F\left(t + \frac{r}{a}\right) \psi(t)\, dt.$$

ou, en vertu de $(2)_a$,

$$\int_{t_0}^{t_1} F(t)\left[(3)_0\, \varphi_0 - \int G\left(t - \frac{r}{a}\right) d\sigma - \int \psi\left(t - \frac{r}{a}\right) \frac{dS}{r} \right] dt = 0.$$

» A cause de l'indétermination du facteur $F(t)$, cette équation ne peut subsister si l'on n'a pas (dans tout l'intervalle $t_0 \ldots t_1$, du reste arbitraire) :

$$(2)_b \qquad (3)_0\, \varphi_0 = \int G\left(t - \frac{r}{a}\right) d\sigma - \int \psi\left(t - \frac{r}{a}\right) \frac{dS}{r}.$$

car, si la différence entre les deux membres de cette dernière équation n'était pas constamment nulle, on rendrait absurde l'équation précédente en prenant pour $F(t)$ une fonction de même signe que celui de cette différence, dans tout l'intervalle dans lequel elle ne serait pas nulle.

» L'équation $(2)_b$ fournit, quand $\psi = 0$, la représentation analytique qu'a donnée Kirchhoff du principe d'Huygens.

» Pour rendre cette représentation plus explicite, désignons maintenant par x, y, z les coordonnées du pôle et par ξ, η, ζ celles d'un point quelconque de S ou de σ; désignons, en outre, par $\varphi(t)$, $\varphi_n(t)$ les valeurs que les fonctions

$$\varphi(\xi, \eta, \zeta, t), \qquad \frac{\partial \varphi(\xi, \eta, \zeta, t)}{\partial n}$$

prennent aux points de σ. De l'expression donnée plus haut pour $G(t)$, on tire avec ces notations

$$G\left(t - \frac{r}{a}\right) = \frac{\partial}{\partial n} \frac{\varphi\left(t - \dfrac{r}{a}\right)}{r} - \frac{\varphi_n\left(t - \dfrac{r}{a}\right)}{r},$$

où la dérivation, indiquée par rapport à la normale, ne porte que sur le rayon vecteur r; et l'équation (2)$_b$ prend la forme

$$(3) \qquad (\sigma)\varphi(x, y, z, t) = \int \left[\frac{\partial}{\partial n} \frac{\varphi\left(t - \dfrac{r}{a}\right)}{r} - \frac{\varphi_n\left(t - \dfrac{r}{a}\right)}{r} \right] d\sigma$$
$$- \int \psi\left(t - \frac{r}{a}\right) \frac{dS}{r},$$

mettant ainsi en évidence, quand $\psi = 0$, la propriété qu'a la fonction φ, laquelle est définie pour tous les points intérieurs à σ [pour lesquels $(\sigma) = 4\pi$], de satisfaire à l'équation différentielle des mouvements vibratoires libres (car les deux fonctions de x, y, z et t

$$\frac{\varphi\left(t - \dfrac{r}{a}\right)}{r}, \qquad \frac{\varphi_n\left(t - \dfrac{r}{a}\right)}{r}$$

satisfont déjà par elles-mêmes à cette équation). Du reste, l'équation (3) subsiste aussi pour un espace S qui s'étend en tout ou en partie à l'infini, pourvu qu'on attribue alors à la fonction φ les propriétés ordinaires à l'infini d'une fonction potentielle: auquel cas, en effet, la partie de la surface σ située à distance infinie demeure sans influence.

» Le caractère analytique de l'équation complète (3) est rendu pleinement manifeste, quand on considère φ comme une fonction entièrement arbitraire et ψ comme le symbole représentatif (2) de l'expression

$$- \Delta_3 \varphi + \frac{1}{a^2} \frac{\partial^2 \varphi}{\partial t^2}.$$

En posant, en effet, $a = \infty$, on tire de (3), en supprimant l'argument t (qui alors n'entre plus qu'à titre de paramètre constant),

$$(7)\quad \varphi(x, y, z) = \int \left(\varphi \frac{\partial \frac{1}{r}}{\partial n} - \frac{1}{r} \frac{\partial \varphi}{\partial n} \right) dr - \int \Delta_3 \varphi \frac{dS}{r};$$

on obtient, par conséquent, l'équation ordinaire de Green [contenue déjà dans (1) pour $F = 1$].

» Mais pour faire mieux comprendre la signification du terme complémentaire de φ, il convient de donner préalablement un théorème.

» On considère une expression de la forme

$$U(x, y, z) = \int \int f(\xi, \eta, \zeta, r) dS,$$

où S est un espace quelconque (n'ayant aucune relation nécessaire avec celui que nous avons déjà désigné ainsi), et où r désigne la distance du point quelconque (ξ, η, ζ) où est placé l'élément dS, au pôle (x, y, z). En observant qu'on a

$$\frac{df}{d\xi} = \frac{\partial f}{\partial \xi} - \frac{\partial f}{\partial r} \frac{\partial r}{\partial \xi},$$

on peut écrire

$$\frac{\partial U}{\partial x} = \int \frac{\partial f}{\partial r} \frac{\partial r}{\partial x} dS = - \int \frac{\partial f}{\partial r} \frac{\partial r}{\partial \xi} dS = \int \frac{\partial f}{\partial \xi} dS - \int \frac{df}{d\xi} dS,$$

et, par suite, en appliquant une transformation bien connue, on obtient

$$\frac{\partial U}{\partial x} = \int \frac{\partial f}{\partial \xi} dS - \int \int f \frac{\partial \xi}{\partial n} d\sigma,$$

où σ est la surface qui limite l'espace S. En dérivant de nouveau, par rapport à x, et observant les égalités

$$\frac{\partial r}{\partial x} = - \frac{\partial r}{\partial \xi} = \dots \frac{\partial \xi}{\partial r}.$$

on trouve

$$\frac{\partial^2 U}{\partial x^2} = -\int \frac{\partial}{\partial \xi}\left(\frac{\partial f}{\partial r}\right)\frac{\partial \xi}{\partial r}\, dS - \int \frac{\partial f}{\partial r}\frac{\partial r}{\partial \xi}\frac{\partial \xi}{\partial n}\, d\sigma.$$

De cette formule et des deux analogues, en ayant égard à l'égalité

$$\frac{d}{dr}\left(\frac{\partial f}{\partial r}\right) = \frac{\partial^2 f}{\partial r^2} + \frac{\partial}{\partial \xi}\left(\frac{\partial f}{\partial r}\right)\frac{\partial \xi}{\partial r} + \ldots,$$

on déduit

$$\Delta_2 U = \int \frac{\partial^2 f}{\partial r^2}\, dS - \int \frac{d}{dr}\left(\frac{\partial f}{\partial r}\right) dS - \int \frac{\partial f}{\partial r}\frac{\partial r}{\partial n}\, d\sigma,$$

équation à laquelle, puisque

$$\frac{d}{dr}\left(\frac{\partial f}{\partial r}\right) = \frac{1}{r^2}\frac{d}{dr}\left(r^2 \frac{\partial f}{\partial r}\right) - \frac{2}{r}\frac{\partial f}{\partial r}, \qquad \frac{1}{r}\frac{\partial^2(rf)}{\partial r^2} = \frac{\partial^2 f}{\partial r^2} + \frac{2}{r}\frac{\partial f}{\partial r},$$

on peut donner la forme

$$\Delta_2 U = \int \frac{\partial^2(rf)}{\partial r^2}\frac{dS}{r} - \int \frac{d}{dr}\left(r^2 \frac{\partial f}{\partial r}\right)\frac{dS}{r^2} + \int r^2 \frac{\partial f}{\partial r}\frac{\partial \frac{1}{r}}{\partial n}\, d\sigma.$$

» En vertu du théorème de Gauss déjà invoqué, on a donc

$$\Delta_2 U = \int \frac{\partial^2(rf)}{\partial r^2}\frac{dS}{r} + (\pi)\left(r^2 \frac{\partial f}{\partial r}\right)_{r=0},$$

résultat qui prend une forme beaucoup plus significative, si l'on pose

$$rf(\xi, \tau, \zeta, r) = K(\xi, \tau, \zeta, r),$$

où K est une fonction des quatre arguments ξ, τ, ζ, r (qui doit être supposée, ainsi que la dérivée première par rapport à r, monodrome, continue, finie et douée de dérivées). On obtient, en effet,

$$U = \int K(\xi, \tau, \zeta, r)\frac{dS}{r},$$

$$\Delta_2 U = \int \frac{\partial^2 K}{\partial r^2}\frac{dS}{r} - (\pi)K(x, y, z, 0).$$

» Comment la quantité U se présente ainsi sous la forme d'une fonction potentielle beaucoup plus générale que le potentiel newtonien, c'est ce que montre la seconde équation qui fournit, pour cette fonction, un théorème analogue au théorème de Laplace-Poisson ([1]).

» Supposons maintenant que la quantité désignée par K provienne d'une fonction $k(\xi, \eta, \zeta, t)$ des quatre variables ξ, η, ζ, t, où l'on a substitué le binome $t - \dfrac{r}{a}$ à la place de t. Dans ce cas, ladite quantité K satisfait à l'équation

$$\frac{\partial^2 K}{\partial t^2} = a^2 \frac{\partial^2 K}{\partial r^2},$$

et, par suite, on peut écrire

$$\Delta_1 U = \frac{1}{a^2} \int \frac{\partial^2 K}{\partial t^2} \frac{dS}{dr} - (\tau) k(x, y, z, t).$$

ou bien

$$\Delta_2 U = \frac{1}{a^2} \frac{\partial^2 U}{\partial t^2} - (\sigma) k(x, y, z, t).$$

» Il en résulte que la fonction U de x, y, z, t, définie par l'expression

$$(4) \qquad U = \int k\left(\xi, \eta, \zeta, t - \frac{r}{a}\right) \frac{dS}{r},$$

satisfait dans tout l'espace à l'équation

$$\frac{\partial^2 U}{\partial t^2} = a^2 [\Delta_1 U - (\tau) k(x, y, z, t)],$$

ou mieux à l'équation

$$(4_b) \qquad \frac{\partial^2 U}{\partial t^2} = a^2 [\Delta_2 U + (\pi k(x, y, z, t)],$$

où à la fonction k doit être attribuée la valeur *zéro* en tout point extérieur à l'espace S.

» Cette équation coïncide avec (2) si l'on pose

$$U = \varphi, \qquad k = \frac{\psi}{4\pi}.$$

([1]) Cf. mon Mémoire : *A propos de certains problèmes de propagation de la chaleur* (R. Accademia di Bologna, 1887), où ce théorème est établi, en procédant autrement, sous une forme moins générale. Cf. aussi, pour les formules qui suivent ([1]), ([1]), la *Theory of Sound* de Lord Rayleigh, t. II, p. 42.

et cette coïncidence explique la présence du terme complémentaire

$$\int \psi\left(t - \frac{r}{a}\right)\frac{dS}{r}$$

dans l'équation (3). De sorte que (dans l'interprétation optique) les deux premiers termes du second membre de cette équation correspondent, comme le remarque Kirchhoff, à des sources lumineuses distribuées sur *deux* dimensions (formant une couche simple ou double), tandis que le terme complémentaire correspond à des sources lumineuses distribuées dans l'espace à *trois* dimensions. Ce terme manque quand, à l'intérieur de l'espace S considéré dans le théorème III, manque cette dernière distribution... ».

Eug. Beltrami, *Sur l'expression analytique du principe d'Huygens* (*Atti della R. Accad. dei Lincei,* 5ᵉ série, t. 1; 6 mars 1892).